QING SHAO NIAN KE XUE TAN SUO YIN

青少年科学探索营

未解之谜难题

张德荣 编著　丛书主编 郭艳红

地外文明：神奇的谜团

汕头大学出版社

图书在版编目（CIP）数据

地外文明：神奇的谜团 / 张德荣编著. -- 汕头：
汕头大学出版社，2015.3（2020.1重印）
　（青少年科学探索营 / 郭艳红主编）
　ISBN 978-7-5658-1653-6

　Ⅰ．①地… Ⅱ．①张… Ⅲ．①地外生命—青少年读物
Ⅳ．①Q693-49

　中国版本图书馆CIP数据核字(2015)第026319号

地外文明：神奇的谜团　　　　DIWAIWENMING：SHENQI DE MITUAN

编　　著：张德荣
丛书主编：郭艳红
责任编辑：胡开祥
封面设计：大华文苑
责任技编：黄东生
出版发行：汕头大学出版社
　　　　　广东省汕头市大学路243号汕头大学校园内　邮政编码：515063
电　　话：0754-82904613
印　　刷：三河市燕春印务有限公司
开　　本：700mm×1000mm 1/16
印　　张：7
字　　数：50千字
版　　次：2015年3月第1版
印　　次：2020年1月第2次印刷
定　　价：29.80元
ISBN 978-7-5658-1653-6

前　言

　　科学探索是认识世界的天梯，具有巨大的前进力量。随着科学的萌芽，迎来了人类文明的曙光。随着科学技术的发展，推动了人类社会的进步。随着知识的积累，人类利用自然、改造自然的的能力越来越强，科学越来越广泛而深入地渗透到人们的工作、生产、生活和思维等方面，科学技术成为人类文明程度的主要标志，科学的光芒照耀着我们前进的方向。

　　因此，我们只有通过科学探索，在未知的及已知的领域重新发现，才能创造崭新的天地，才能不断推进人类文明向前发展，才能从必然王国走向自由王国。

　　但是，我们生存世界的奥秘，几乎是无穷无尽，从太空到地球，从宇宙到海洋，真是无奇不有，怪事迭起，奥妙无穷，神秘莫测，许许多多的难解之谜简直不可思议，使我们对自己的生命现象和生存环境捉摸不透。破解这些谜团，有助于我们人类社会向更高层次不断迈进。

　　其实，宇宙世界的丰富多彩与无限魅力就在于那许许多多的难解之谜，使我们不得不密切关注和发出疑问。我们总是不断地去认识它、探索它。虽然今天科学技术的发展日新月异，达到了很高程度，但对于那些奥秘还是难以圆满解答。尽管经过古今中外许许多多科学先驱不断奋斗，一个个奥秘被不断解开，推进了科学技术大发展，但随之又发现了许多新的奥秘，又不得不向新问题发起挑战。

宇宙世界是无限的，科学探索也是无限的，我们只有不断拓展更加广阔的生存空间，破解更多的奥秘现象，才能使之造福于我们人类，我们人类社会才能不断获得发展。

为了普及科学知识，激励广大青少年认识和探索宇宙世界的无穷奥妙，根据中外最新研究成果，编辑了这套《青少年科学探索营》，主要包括基础科学、奥秘世界、未解之谜、神奇探索、科学发现等内容，具有很强系统性、科学性、可读性和新奇性。

本套作品知识全面、内容精炼、图文并茂，形象生动，能够培养我们的科学兴趣和爱好，达到普及科学知识的目的，具有很强的可读性、启发性和知识性，是我们广大青少年读者了解科技、增长知识、开阔视野、提高素质、激发探索和启迪智慧的良好科普读物。

目 录

岩画记录的外星人

贺兰山古老的岩画

贺兰山岩画是我国岩画中的一枝奇葩，在我国众多岩画中占有举足轻重的地位。

贺兰山岩画位于宁夏回族自治区贺兰山东麓的贺兰县金山乡，海拔1448米，分布在面积约210平方千米的山岩沟畔上，约有300余幅。

　　贺兰山岩石主要成分为绿色细粒的石英砂岩，次要成分为云母、绿泥石等暗色矿物。

　　这种岩石的硬度约7度，适宜凿刻，并且可以长时间保存，为雕刻岩画创造了较为有利的因素和条件。

　　贺兰山岩画有一个显著特点，就是有将近3/5的岩画是人面像，也可以说，这里是形形色色的人面像画馆。

　　岩画中的人物面部奇异，大多数人有眉毛、鼻子和嘴巴，而偏偏缺少一对眼睛，这也许与雕刻岩画的民族的习俗和信仰有关。

在这些风格各异的岩画中，还发现了一幅装饰奇特的宇宙人形象。这个宇宙人形象岩画在贺兰山北侧第六号地点，离地面1.9米，面朝西南方向，高0.2米，宽0.16米，由磨刻法制作而成。

从内容上看，这是一幅形态逼真、惟妙惟肖的天外来客肖像画。岩画上的人物装饰与今天地球上宇航员的宇航服几乎是相同的。

他戴一顶大而圆的密封式头盔，头盔中间有一个观察孔，头盔连着紧身的连衣裤，双臂自然下垂，双腿直立，隐隐约约可以看到右手提着件东西，给人一种飘然而至的感觉。

此外，在贺兰山还可以看到一些类似的岩画。如在山口北侧第一号地点上部，有一个圆形顶着天线的人面像，高0.41米，宽1.95米，其下部还有一个似乎头顶着枝状天线的人面像，高0.47

米，宽0.19米。

当时人类文明还处在萌芽阶段，生产力十分落后，技术不发达，因而绝对制造不出密封式的头盔，更不会超越时代去制造这样的探空设备，更何况这些宇宙人形象的岩画又是出现在人迹罕至的贺兰山上。

因此有人猜测，这是当时人们见到外星来客之后，刻画到石上而保存下来的天外来客的形象。

新疆古老的月亮形象

20世纪60年代初期，我国考古工作者在新疆一个古老山洞里发现了一批古代岩画，其中绘制的月亮形象是世界上最古老的。

由于其岩石位置在新生代第四纪冲积层以下，因而可以断定是几万年以前的作品。

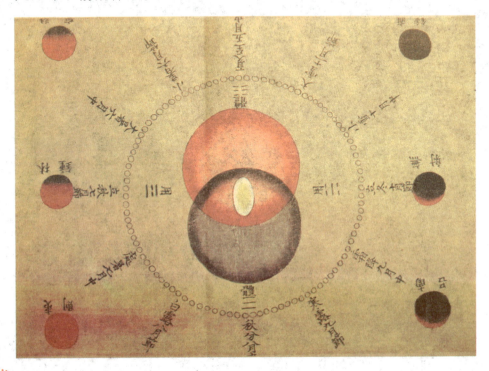

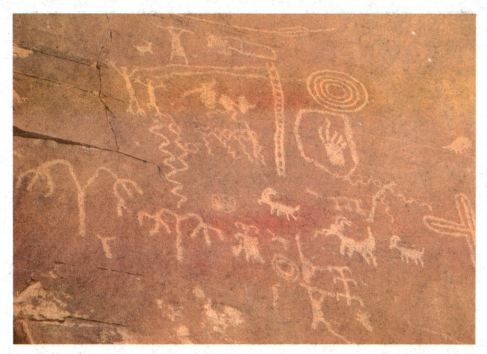

在这些岩画中，有一组月相"连环画"最为引人注目：娥眉新月、上弦月、满月、下弦月、残月。

令人惊异的是：连环画里满月南极处的左下方画有7条以辐射状散开的细纹线。

这幅月相图的作者鲜明、准确地表现了月球上大球形山中心辐射出的巨大辐射纹。

这一成果在望远镜问世之后丝毫不足为奇，但是在几万年前人类尚处于原始的社会，能画出一组月相的连环画就令人惊叹不已了。

它给人们留下了许多疑问，这是不是外星人所画呢？

广东岩画的图像

在广东省罗定市境内粤桂交界附近的一块巨石上发现一处罕见

岩画，岩画中有人、马以及星座图案，还有一些类似文字的图案。

更令人惊奇的是一幅人像图案：头部似戴有头盔，头盔一左一右各插有两根羽毛，中间一根天线状物。

有专家认为此人像图案颇似影视中戴着头盔的外星人，也可能是古代百越土著首领图像，更有专家说，岩画是古代劳动人民确定时间和方位的定时定位器。

岩画位于罗定市泗纶镇分会村一座名叫火窑岗的半山上，这里距离广西壮族自治区仅3000米。

在一条小溪两旁，两块巨石隔溪相对，当地人称为公婆石，岩画就在这公婆石其中靠路边的一块巨石上面。

另一块在小溪对面，据当地群众说，由于地势险要，巨石被野生藤蔓缠绕，无法寻找是否还有岩画。

第一组岩画所在巨石为不规则形状，简单目测巨石长约14米至15米，宽约6米，高度约10米，由于村民在巨石旁修路堆土，原本突兀难攀的巨石变得低矮了。

　　有村民说，泥土填埋了巨石的下半身。石面上有不少图案，最多的是圆圈中间加一个点的星座图案，数了数，看得清晰的约有12个，大约构成一条线状。

　　动物图案有一个马的造型，这匹马很像新疆岩画马的画法。

　　人像图案有3个，其中最清晰的一个是戴着的头盔的人像图

案，顶部有3根线条，两根分向左右，中间一根似天线，顶端有一小球。面部眼睛、鼻子依稀可辨，额部画一个圈。此外还发现类似文字的图案。

延 伸 阅 读

　　如果把所有的物质都做成太阳，那么将会有1000万亿个"太阳"，离我们5.7亿光年的狮子星座正以每秒1.95万千米速度远去，离我们12.4亿光年的牵牛星座正以每秒3.94万千米速度远去，其原因在于宇宙在膨胀。

外星人曾在中国

山洞里的奇怪石盘

在青海省南部有座大山脉叫巴颜喀拉山，那里有大量的山谷洞穴。

1938年，我国考古学家纪薄泰在那里发现了一个奇怪的石盘，上面刻有至今人们仍无法理解的图案、符号和文字。

这些石盘一共有716个，洞穴的主人用某种未知的工具把岩石凿成盘状，这些形如当今唱片的石盘中央有孔，从孔中·出发，两条水纹线辐射开来，直至边缘为止。

这当然不是有声的唱片，而是一种文字符号，这在我国乃至世界上是从未被发现的文字。多年以来，专家们一直对这些石盘进行研究。

在千万年前，在巴颜喀拉山的洞穴里生活着特罗巴人和汉人，他们身高只有1.3米左右，体形矮小，脑袋奇大。因为对他们了解得很少，专家们至今也不知该把他们归为哪一种人。

石盘的不解之谜

1962年，我国考古工作者徐鸿儒教授及其合作者破译了石盘上的部分文字，译文是：

特罗巴人来自云端，他们乘坐的是古老的滑动船。当地男女老少直至东方太阳升起的时候，才敢从洞里出来，这样的事共发生了10次。可是，最后一次他们终于明白了，特罗巴人来此地并没有恶意。

人们在历史记载中也看到了有关记述。这些记载称，在12000多年前，特罗巴人在崇山着陆后，他们的飞船能量耗尽，而自己又造不出新的飞船能量来，只能永久地留在地球上。

为了进一步深入了解这些石盘，人们把石盘的碎块送到前苏联莫斯科进行分析。

　　莫斯科的学者们发现石盘含有极高的钴和另一种金属,它们的振荡频率也是很少见的。仿佛石盘曾经带过电,或曾是一个电路中的一部分。

　　到现在为止,巴颜喀拉山石盘仍然是个不解之谜,人们推测,它们一定同12000多年前山里发生的怪事有联系。

　　更为神秘的是一些洞穴的内壁上,覆盖着许多旭日东升、布满黑点的月亮和星体等内容的巨幅壁画。

　　从当时传说来看,这些外来人种由于相貌丑陋,致使人们不敢与他们交往而回避他们,最后这些外来人便慢慢地消失了。石盘之事在国外影响很大,但在国内却没有正式的报道,由此来看,石盘本身是否存在,仍是一个谜。

史书中关于太极图的记载

与巴颜喀拉山石盘密切相关的是我国神秘莫测的《太极图》，从古至今人们费尽了脑筋，也不知道它的作者是谁。

《太极图》又称《先天图》或《天地自然之图》，是我国上古文化中最神秘的一张图，也是众说纷纭、争论最激烈的一张图。

虽然《周易·系辞传》中已明确提出："易有太极，是生两仪。"但汉代以后所传的《周易》，都不曾附有《太极图》。直至宋朝华山道士陈博才传出《太极图》，并有"先天"、"后天"之分。

后来，北宋理学家周敦颐根据陈博所传的《太极图》，写了一篇《太极图说》，继承并发挥了《周易》的观点，提出"无极而太极"的哲学思想。

到朱熹撰写《周易本义》时，才正式将《太极图》附在《周易》前面。他看出了离开《太极图》，《周易》只是一部普通的占卜之书，根本不能位列群经之首。

这期间，真正对《太极图》有所研究的是理学家邵雍。据邵雍说，先天《太极图》为伏羲所作，后天《太极图》为周文王所作。邵雍指出，在伏羲所在年代并没有文字，只有一张太极图来表现天地万物和阴阳变换原理。

朱熹则认为，《太极图》源自东汉魏伯阳的《周易参同契》。《太极图》的一个间接来源于道教似乎没有太多疑问。

但是，《太极图》的源头在哪里呢？它是否真像《周易》和道教所说的那样是伏羲所作的呢？

《太极图》和伏羲

据今人考证，伏羲可能和太阳或者东方的某一星座有关。从史籍上看，伏羲又与龙有着密切的关系。

台湾飞碟研究协会会长吕应钟先生提出了"龙就是飞碟"的看法。的确，龙这种过去被视为神话传说的动

物，现在似乎应当重新认识。

《说文解字》说龙是万物之长，能暗能亮、能长能短、能大能小。春分的时候就飞上天，秋分的时候就潜入海。

现在看来，这种能暗能亮、能长能短、能大能小而又披着硬甲的龙，和我们观察到的雪茄型飞碟非常相似。

因此，我们是否可以认为，所谓伏羲"蛇身人首"不过是一个象征性表述，它暗示着伏羲是一种半人半神的生命体，是直接和龙有关的生命体。

如果伏羲就是伟大的太阳神，而他又乘龙，即飞碟来到地球上，传授人们一些天文地理知识以后，由于上古民智未开，为了不使外星球高级文明失传，留下了一幅整合性的《太极图》让后人去破译。那么，今天我们看到《太极图》包罗万象的内容就不奇怪了。

《太极图》和天文学

《太极图》同我国古代的天文学可以说是一脉相承，从《太极图》本身来看，阴阳两仪记录着地球由于自转和公转而产生的昼夜变化和四季的顺序。

此外，地球公转的轨道平面和自转的轨道平面之间的交角为23度26分21秒。而从《太极图》上看，阴阳两仪的"S"形螺旋体夹角，也正巧在23度左右。

所以有人认为，太极的具体模式就是地球。在交通闭塞，工具落后的上古时代，怎么就已达到把地球作为一个模式来画成图形的程度呢？这还得回到伏羲上来。

《古今图书集成》上的一段内容记载说："上古伏羲时代，龙马背负着一张图出来，伏羲用这张图画成了八卦图。"

参考龙的假说，那么"龙马"也可能就是飞碟的象征表述。

也就是说，一个与外星文明有联系的"伟大的羲"，凭借着龙马提供的数字密码和模型，才画出了八卦和《太极图》。

更有趣的是，在后世所传的一些图谱中，《太极图》被转换成天文图，并将北斗七星安放在中心。从这一图谱看，我们这个世界以北斗星为天心，一些修炼气功的人，在采气时也遵照这一图示，面对北斗星所指的方向。这是否从一种灵感信息上暗示着《太极图》的真正来源呢？或许《太极图》真的和外星人有关。

延 伸 阅 读

我国古代神话曾描绘了自天而降的黄脸瘦矮人，他们样子很怪，脑袋特大，身躯却瘦小。考古学家和洞穴学者们后来在巴颜喀拉山的洞穴中找到了12000多年前的墓穴和遗骸，证实了神话描述。

回不了家的外星人

外星人尸体照片

　　外星人频频来访地球，其中一些飞船意外失事，坠落在一些偏僻的地方，而飞船上的外星人再也回不到自己的家了。美国著名的UFO研究专家威涵博士得到许多情报，披露了美国当局保密多

年的奇案。

　　威涵称：美国和墨西哥的秘密档案中有很多飞碟失事记录，他们收集了15000份政府公文，从这些公文中得知，在美国境内最少发生过两次外来宇宙飞船失事的事件。

　　美国政府否认掌握这些材料，但美军退职人员和几位曾经检验外星人遗体的验尸官证明，他们曾亲眼目睹这些外星人的尸体。

　　威涵说："我们得到一批由美国海军摄影官员拍摄的外星人尸体的照片，照片的底片经两家有声誉的摄影公司验证，证实不是仿制品，年代属实，没有涂改、叠影、缩影等迹象。"

　　威涵在荧屏上展示了这批外星人尸体的照片。1948年7月的某夜，美国空军雷达网发现了一个高速的不明飞行物，于是开始追踪，后来看到这个不明飞行物坠落在得克萨斯州拉列多镇以南30000米的墨西哥境内。

墨西哥政府立即派军队封锁了现场，并报告了美国政府。美国政府立即派了一批官员和专家前往现场，同行者中有一位海军的摄影官，是他拍摄的这批照片。

这位摄影官将照片交给威涵时还写了一封信，信中说：

假如公开这批秘密照片，你们难免要遭到怀疑者的攻击，也一定会招来美国政府某一秘密机构的麻烦。这个机构神秘到你们无法想象的程度。我已将照片中围观的一些人物剪掉，以免被认出。

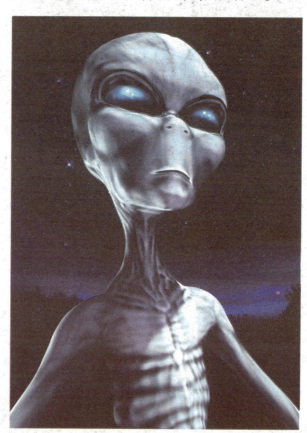

这名摄影官还说，坠落的宇宙飞船爆炸焚烧，残骸和两具外星人的尸体均被送往俄亥俄州的赖特·帕特森美国空军基地检验。

威涵从照片中发

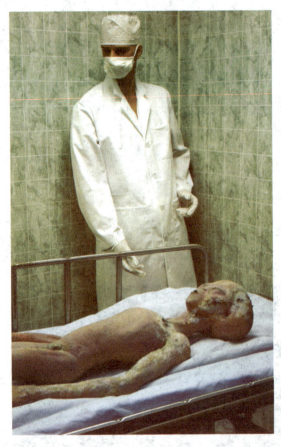

现，飞船失事烧死的外星人是名男性，身高约1.3米，身穿银色太空装，脑袋比常人的要大，头戴太空盔。

巴拿马太空星球人遗骸

巴拿马著名的心理学家、精神病医生拉曼狄·艾桂拉，也是一位有名的UFO研究专家，巴拿马外太空现象研究中心的主席。艾桂拉博士在墨西哥国家电视台上对着一具外太空星球人遗骸讲述了发现的经过：

在巴拿马首都巴拿马市112千米以外的圣卡洛村附近的海滩上，一个小男孩发现了一具外太空星球人遗骸，外面包有衣物。

随后小男孩拿着它去见朋友的叔叔贾西亚莫拉医生。贾西亚莫拉医生是一流的心脏专家，当他发现这是人体，就立即将其送到巴拿马大学医学院检验。

贾西亚莫拉在电视机里说："小男孩刚拾到时，以为是玩具。后来认为这个"玩具"可能是一个被水淹死的人。开始他的身体是柔软的，不久便僵硬了，可惜小男孩不懂事，把他的衣物扔掉了，于是失去了线索。"

被发现的尸体颈部脊椎骨很大，直径也比较宽阔，这标志着他有发达的神经系统，拥有很高的智慧。

他的头部比例比人类要大。然而奇怪的是，这具尸体胸腔内没有肋骨，只有一块平板胸骨。

从这具尸体看，这可能是个婴儿的遗骸，其成人的身高应该在1米左右，身体肌肉发达，但两腿非常瘦。外星人的身高其实不止1米多，是因为来到地球受到大气压力之后，体型才急速缩小和硬化。

艾桂拉博士说："他和我们人类不完全一样，因此我们推断他可能是外星球人的婴儿。他怎么会出现在巴拿马海滩上呢？他是外星人来到地球上生下的，还是私生弃儿？"

也有人怀疑他是一种绝迹的侏儒种族，因为在非洲扎伊尔的原始森林就有侏儒族。侏儒族身高仅0.6米左右。那么南美洲说不定也有矮人族，说不定矮人尸体是从非洲漂洋过海来的。总之，这是人类学上的一个无法解开的谜。

意大利坠毁的飞碟

据意大利飞碟专家阿·别列格收集的材料介绍，1977年，该国一位名叫艾·波萨的建筑师有一天驱车外出旅行，在一个荒无人烟的地区，他发现离公路不远的地方倾斜着一个圆盘状物体。

出于好奇，艾·波萨走近了这个物体。这个圆盘下方有4个玻璃窗一样的透明小窗，从小窗里不时闪出一道道刺眼的亮光。

艾·波萨在飞碟上发现有一个打开的舱口，应该是这个飞碟的入口。

艾·波萨从舱口走进了这个物体内，在直径6米的圆舱里发现了3个黑色物体，其中一个黑色物体中有一个外星人尸体，他立即通知了意大利军方。据了解，这个外星人身高约1.5米，皮肤呈墨绿色，只有脸上的颜色比较浅。这个外星人与地球人一样有眼睛、鼻子和嘴巴，但每只手上都只有3根手指。

后来，这具外星人尸体被送到了意大利一家医院进行研究，但意大利官方却否认了这一事件。

美国保存有外星人的尸体吗

美国一直不愿意公开他们保存外星人尸体这一事件。美国UFO研究者团体的执行理事和《UFO评论》评论者、西部通讯员查尔斯·威廉对此很感兴趣，他通过私人渠道得到了许多消息，证实了美国的这一行为。

1959年，有位G夫人在重病时告诉威廉，她在20世纪40年代至50年代期间，曾在俄亥俄州的赖特·帕特森空军基地的一个保密级别很高的外国资料处服务，她的工作是将一切已知的或未知的资料分类。

1955年，她受命负责收拾外星人遗留的物品，并对坠毁的UFO内所有内部物体都进行分类记录。

另外，她还对坠毁的飞碟的每一个小部件都拍了照，并贴了相应的标签。

一件最使她难忘的事是：基地官员惠勒德

从一个房间取来了用冰和化学试剂保护的两个小人。他们高约1.3米至1.5米，除了眼睛有点斜，脑袋比正常人大之外，其外观与普通人没有其他差别。

也有人认为，这些人提供的都是编造出来的，美国军方虽然没有承认，也从来没有否认过外星人的存在。这到底是真是假，还有待于科学家们今后进一步的探索。

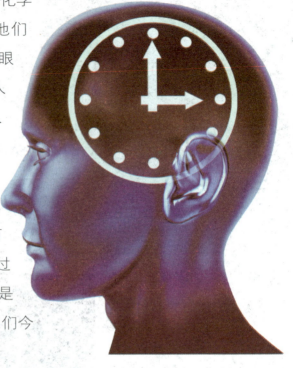

延 伸 阅 读

1950年，美国一位巡逻的警官在新墨西哥州的罗斯维尔市西北的郊区发现了一架坠毁的飞碟，飞碟已经破损不堪，像是从高空坠落造成的。他在飞碟里还发现了一具外星人尸体。随即，该尸体被送往秘密基地进行医学鉴定。

美国出现黑衣外星人

不断出现的神秘黑衣人

1951年的一天，在美国佛罗里达州最南端的基韦斯特，几个海军军官和水手正驾驶着一艘汽艇在佛罗里达海面疾驶。突然，一个雪茄状的不明物体出现在海浪上，发出一道脉冲式的光芒，一根淡绿色的光柱从它的壳体上射入了海底。

汽艇上的军官和水手都好奇地用望远镜观察这个奇怪的物体，这个雪茄状物体的光柱射入海底后，它所在的海面上即刻就漂浮起一大片翻起肚子的死鱼。忽然，地平线上出现了一架飞机，而那个雪茄状的神奇物体也随即升入高空，几秒钟它就消失得不见了踪影。

025

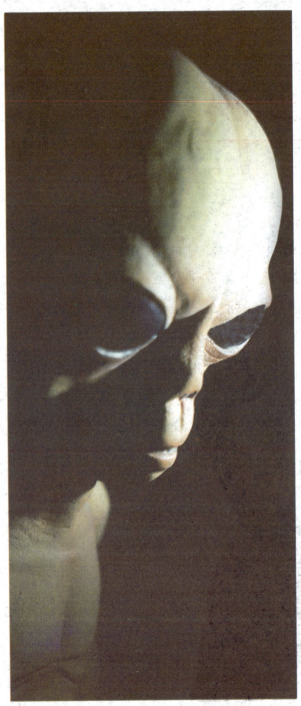

更令船上的军官和水手们诡异的是汽艇刚刚在基韦斯特港系缆靠岸，他们就遇上了一群身穿黑色衣服的人。

这些人把他们叫到一边，询问他们在大海上看到的情形。

据一位目击者说，这些人是设法想用提问的方式来使他们的目击报告失去真实性，并要求他们对这一事件保密。

这些"黑衣人"常常把他们可怕的黑色衣服变成美国官员服装，以便封锁他们的消息。

弗兰克·爱德华兹在他写的一本书里描写了这样的事情：

1965年12月，美国一家大联合企业的一名干部目睹了一只飞碟，后来便有两名"军官"拜访了他，向他提了一大堆问题，然后对他说："你应该怎么做，这用不着我们说，不过我们向你提个建议：请不要向任何人谈论此事。"

一直关注此事的英国UFO专家约翰·基尔表示，他已经调查了50多起案例，这些军人或者是直接找到目击者，或者通过电话同目击飞碟或拍到飞碟照片的人联系。约翰·基尔曾走访了五角大楼，想验证一下那些人是否真是军队派去的。但是，五角大楼明确地告诉他，他们谁也没有听说过50多起案例中的黑衣人的事情。

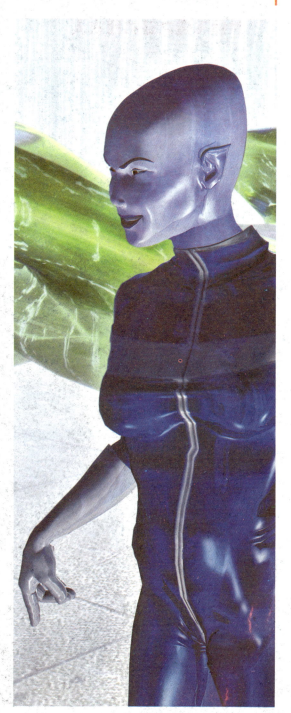

封锁飞碟之谜的黑衣人

这些神秘的黑衣人不仅威胁目击者，甚至关于他们的交通工具——飞碟的秘密也竭力掩饰，并利用一些令人诡异的方式来封锁这些消息。最令人震惊，同时也是最有名的案例是艾伯特·本德事件。

国际飞碟局的任务是从各个方面研究飞碟现象，《航天杂志》则是这一组织的刊物，而本德则是国际飞碟局的主任和《航天杂志》的经理。

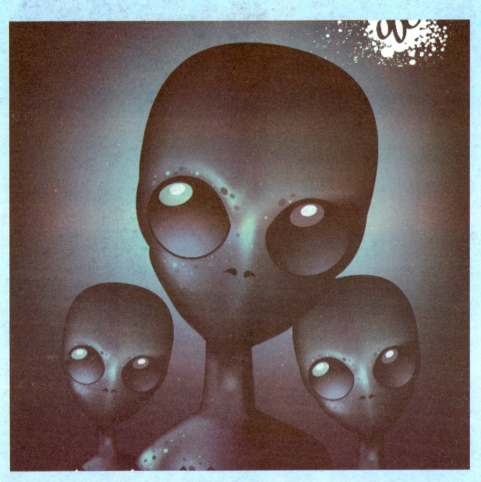

1953年7月，本德在这本杂志上发表的一篇文章中写道：

飞碟之谜不久将不再是个谜了，它们的来源现已搞清。然而，有关这方面的任何消息都必须奉上面的命令加以封锁。我们本来可以在《航天杂志》上公布有关这方面消息的详细内容，但我们得到了通知，要我们不要干出这种事来。因此，我们奉劝那些开始研究飞碟的人，千万要小心啊！

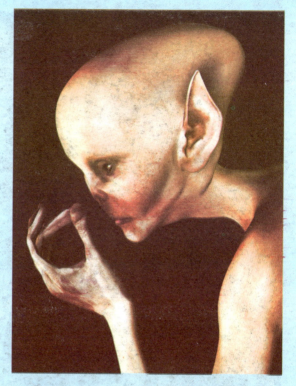

1953年底，3个身着黑色衣服的人来找本德，并且要本德放弃他的研究。

几天之后，国际飞碟局就解散了，《航天杂志》也停办了。更令人意想不到的是，当飞碟研究家威尔金和弗兰克·爱德华兹正要宣布重要发现时，俩人却无声无息地猝死在家中。

黑衣人是外星人吗

那么，这些黑衣人究竟是些什么样的人呢？有人说他们是外星人派到地球上的一支"第五纵队"。但到目前为止，人们所知道的只是一些少得可怜的情况：他们大都是彪形大汉，身穿黑色衣服，面庞是"娃娃脸"或"东方人的脸"。

在一般情况下，他们遇到人时总要详细盘问，然后把人身上有关他们的信息全都拿走。

但也有这样的情况：为了达到目的，他们会对人施加心理压力，甚至还行凶杀人，当然这是少有的。

一些UFO专家认为，种种迹象表明：黑衣人的存在是毫无疑问的。他们同人类接触的事例已不胜枚举，因此我们没有任何理由把这种接触说成是某种幻觉或是故弄玄虚。

既然他们的存在确凿无疑，人们就必然会设法从理论上去解释他们。有人把黑衣人说成是美国中央情报局的特工，这种假设曾一度广为流传，而且还有人为此而发表文章。

那么，这些黑衣人到底是些什么人呢？他们的目的何在呢？他们拥有什么手段？他们来自何方？飞碟学家们都在思考着这些问题。

大量事实证明，黑衣人在地球上的存在可以追溯至很久以前。在几个世纪以前，黑衣人的活动没有像现在这么频繁，也没有像现在这么公开。

这是因为黑衣人如果真的肩负着保护他们人种的使命的话，那么我们就可以认为，黑衣人受到现代飞碟学家们探索的威胁，远远超过以往任何时候。

直至今天，黑衣人的存在已经是无可否认的事实了。至于说他们是不是飞碟的主人，是不是来自其他星球的人，还是一个谜，还需要更多的科学家或飞碟爱好者去探索、解谜。

延 伸 阅 读

1954年10月，一家名叫《联系》的杂志社对外宣称："我们了解了关于飞碟性质的一个'无可辩驳的事实'，这一发现还涉及美国频繁出现的黑衣人。"可是美国官方禁止对外公布这个"无可辩驳的事实"的详细内容。

农民奇遇外星人

雪茄状的飞行物

1964年4月24日上午大约10点，在美国的索克罗镇，一个名叫加里·威尔科克斯的27岁农民正在自己的园地里撒肥料。

忽然，从山冈顶峰射来了一道光芒引起了他的注意。他好奇地放下手中的肥料，开着拖拉机朝那座山冈的顶峰驶去。他在离山顶50米远的地方，看到一个呈雪茄状的长长的物体。开始，他

还以为那是飞机上扔下来的副油箱。但他很快又意识到，那并不是什么副油箱，那东西悬停在离地面1.5米的高度，发出一种"嗡嗡嗡"的响声。

雪茄状物体看上去约6米长，2米厚，它那银灰色的表面极为光滑。他小心翼翼地走了过去，用手摸着这个物体。当时，他感到这个物体的表面就像小卧车车身的表面那样洁净、光滑。

会说英语的外星人

忽然，有两个人出现在物体的下方。他们都穿着银灰色的上衣连裤服，他们的脑袋也都紧紧地裹在这身衣服的上方。他们的腰部有一个盘子，上面装满了土块和植物的样品。

这时，其中的一个人朝他走来，用标准的英语对农民说："你一点也不用害怕，我们同其他人都已打过招呼了，是他们允

许我们来这拿这些东西的。"

这些人说话时，嘴巴并没有张开，而这声音究竟是从哪个人身体的哪个部位发出来的，加里也说不准。接下来，一场怪异的对话开始了。

他们似乎对任何东西都感兴趣，其中一个不断地问加里："你在这块地里干什么？什么是肥料，有什么用处？肥料是由什么组成的？"

他告诉加里，他们来自火星，他们到地球上来考察，是想了解一下地球上的农业情况，因为火星上的农业还不是很发达。

后来，话又扯到其他问题上，他们还谈到了UFO乘员使用的推进装置。

然而，直至最后，加里·威尔科克斯都不敢相信这两个人来

自火星，他始终认为这是搞恶作剧的人在拿他取笑。只是，他并没有听到他们嘲讽的笑声。

他们对加里·威尔科克斯讲，不要把这次相遇告诉别人，然后他们就朝那个雪茄状飞行物的下方走去。

上了飞行物后，飞行物开始水平飞行，然后便向上爬升，消失在天空中，地面上还留下了痕迹。

第二天，加里·威尔科克斯把这件事告诉了父母，但他的父母根本不相信。

用语言交流

1953年5月23日，法国东部一位农民在山里干活，一个不明飞行物在他的拖拉机上方盘旋，农民听到不明飞行物上一个声音在说话："请保持镇静！整个地球都处于我们飞行器的监视之下，

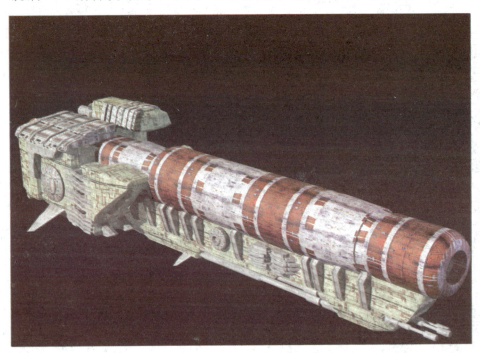

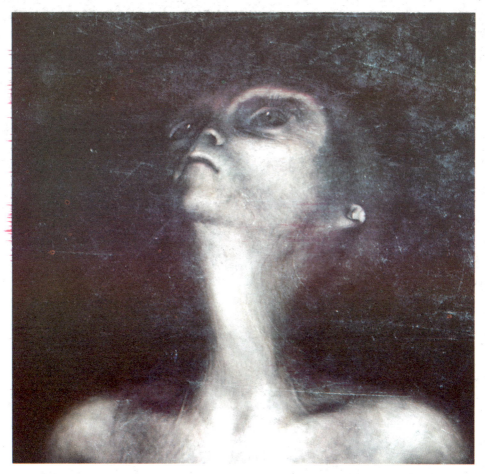

我们的飞行器携有一批小型飞行舱，你们的星球跟我们那里的差不多……"

有些信息是和平性的，但也是有威胁性的，我们发现，UFO乘员的提醒和威胁往往是自相矛盾的。

1963年5月15日，美国"水星号"飞船在太空飞行时，宇航员戈登·库珀以及地面指挥中心的人听到电波上有一种奇怪的语言，立即录了下来。美国语言学家研究了录音，认为这种语言不是地球人的。

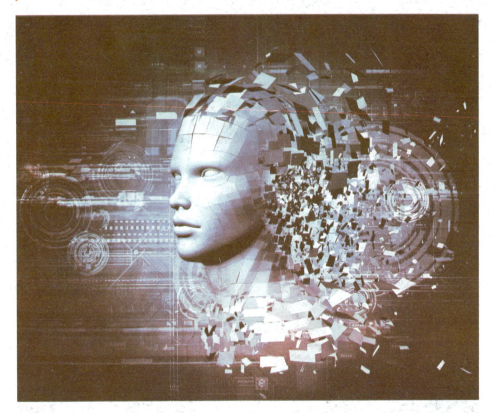

　　甚至外星人还会讲地球上的语言。1973年11月3日20时许，哥伦比亚人卡斯蒂略被邀参观了外星人的飞船，登上飞船后，从一扇门里走出两个人，其中一人与卡斯蒂略握手问候。使卡斯蒂略惊奇的是此人竟能叫出他的名字，并能用标准的西班牙语同他交谈。

用手势交流

　　语言并非是唯一的传递信息的工具，外星人似乎也能明白我们的手势，甚至很快就能模仿。

　　1952年11月20日，在美国加利福尼亚州的沙漠中，美国人亚当斯基遇到一个外星人。

这个陌生人身高1.65米，长长的金发，长得非常标致，不过，看不出他是男还是女。他身穿一套棕色的套装，脚踩红色软皮高帮皮鞋。

此人主动同亚当斯基用手势交流，从而使亚当斯基知道，这个人来自金星。当交谈结束时，这位自称来自金星的人微笑地指了指地面，意思好像是："看！我留在沙地上的脚印多么清楚。"

外星人常常还会学着汽车灯的闪烁而有节奏地射出光束，用来向目击者传递某种信息，如同人类的灯语。

心灵感应交流

许多目击者还说，外星人跟他们用心灵感应交换信息。宇宙星体生命之间的沟通联络，虽然摒弃了语言，却可以通过大脑思

维物质的运动形态来实现。

宇宙中所有生命虽然在智能的等级上有高有低界限分明，但就共同拥有的智能载体而言，却存在着本源上的一致性。

就是说，不管是高等智能生命那些又大又好又硬的脑体，还是低等智能生命那些又小又差又软的脑体，它们都出自一处。

如果我们把宇宙物质能量比作一个大库房，那么，能够合成所有星体生命大脑的材料，都是这个库房里的同一种金矿。

1968年8月21日，在阿根廷一座山上，一位青年遇上了3个外星人，外星人没有任何动作。但这位青年脑子里则得到命令，要他跟他们登上停在一旁的UFO里去。

进去以后，一位护士角色的人员站在他面前，他立即感到外星人要他脱去衣服，但他没有服从，他脑子里马上又得到命令：立即脱去衣服。做完实验之后，他又得到命令进入另一个房间……

在这个目击案例中，昏迷中的目击者同UFO乘员用心灵传感交谈，好像进行一次长时间的谈话那样。在催眠术下这种情景就反映得十分清晰，这样，对方就知道了传来的意图。但这种物质流或物质波我们现在还没找到。

当然，并不是所有的目击者都能收到UFO乘员发来的心灵传感流，这完全取决于每个人的大脑接收能力。有这种能力的人，可

以被称为具有特异功能者。

外星人传递信息的方法，除了语言、动作、心灵感应外，还有其他的方式吗？现在还没有准确的结论。

延　伸　阅　读

1974年，人类发给外星文明的第一条信息含有深意：1679是23和73相乘的结果，如果将这一信息作为23×73的网格显示，会出现一系列简单的图像。

科西嘉岛上的外星人

三角形的飞行器

1974年3月15日晚20时，在科西嘉岛北端东北部的埃尔巴朗加镇，约翰尼和他的未婚妻开着车外出游玩。当约翰尼将车停在公路旁的一片凹陷下去的地方时，突然感到浑身上下有些不舒服，他好像听到了一种低微的声响。于是，约翰尼就侧脸朝左边看去，结果发现公路上站着3个模样古怪的人。约翰尼吓得面如土色，立即启动发动机，加大油门朝后倒车，结果汽车后部的车身被荆棘刮了好几道划痕。

终于，汽车驶上了开往镇上的公路。当约翰尼把他刚刚看到怪人的事讲给未婚妻听时，他的未婚妻吓得浑身直哆嗦，不过，她还是壮着胆子，朝他们刚刚驶离的地方看去。当她回过头朝后看去时，简直不敢相信自己的眼睛：只见离他们大约100米至150米远的地方，一个三角形的物体正在腾空飞离地面，它突然加快速度，瞬间便消失在空中。

据约翰尼对专家们说："那3个人身高大约1.6米，他们身体各个部位的比例同我们普通人的比例差不多，不过双臂好像要比一般人的长；他们的身子朝前倾斜，背部僵直，脖颈像是躯体的一个延伸部分；他们都没穿任何衣服，身躯的表面显得异常光滑。"

至于那个不明飞行物，约翰尼说："从侧面看去，它像是一座小小的金字塔。从它底部到顶部，有好几种颜色，它的底部有60米长。当它突然加速时，并没看到它一直朝上升，而是像有隐形术似的，转眼之间就无影无踪了。"约翰尼在谈到无线电的干扰情况时说："当我把汽车停下时，汽车的收音机是开着的。但是，当我朝后倒车时，收音机不响了，开上了公路后，收音机又恢复了正常。然而，当不明飞行物腾空起飞时，收音机又一次没了声音，不过，汽车的车灯始终是亮着的。"

第二天，约翰尼驱车来到现场，却没发现任何着陆的痕迹。约翰尼说："他发现那3个怪人站立的地方有一片一米高的荆棘，那里也没有留下任何可疑的痕迹。"

外星人留下的带文字的纸张

外星人频频光顾地球，有的还给目击者留下了见面礼。

1965年3月2日，在美国布罗克维尔城，一位美国人看到一只

直径7米大的外星飞碟物体降落在城郊一块空地上。一个带着透明头盔的外星人从这只飞碟中走出来，并向附近的目击者走去。这个外星人从上衣连裤服的左侧取出一个黑色的盒子，同时又给目击者两片质地极细，上面写着奇形怪状的外星文字的纸。美国专家研究这两张纸后发现，文字中有"火星"两字，其余的就不认识了。

据美国飞碟专家霍尔曼森说，1965年，发现外星人留下的文字中常常提到金星、火星、木星这些星球，于是有人猜测他们来自那里，也可能在那里居住过，那里有他们的基地。

外星人给目击者割肿瘤

1952年7月16日，20岁的美国飞行员弗雷德·里根准备驾机飞行。他的飞机爬升到8000米的空中时，一艘神秘的飞船与里根的飞机突然相撞，把飞机的尾翼撞得粉碎。他被强大的气浪推出了座舱，就像脱了线的木偶朝地面栽了下去，里根心想，这下死定了。

此时，那个将飞机撞毁的飞船正悬停在他上方，用吸力将他托举在半空中。不一会儿，他就置身于这个不明飞行物之中，这时，一个似乎离外星人的脸部不太远的明亮的蓝光物体移近里根，像是要为他做什么检查似的，一双目光炯炯的眼睛上下左右地打量着里根的全身。

突然，一种声音问他："地球人，你现在感觉如何？我们来自一个遥远的行星，这是一场令人遗憾的事故。我们到这里来的唯一目的是想看看你们的文明，从我们这些原始人的角度看你们的文明。"

被外星人安全送回

最后，这个形似瓶子的外星人告诉他，他们的检查发现，他的脑子里长着一块肿瘤。对此，里根感到十分震惊，因为虽然他近来消瘦得厉害，却从来也没往这方面想过，这个诊断使他感到心里很难受。

　　但那个外星人安慰他说："为了补偿这场空难所造成的损失，我们已经为你治好了病，现在，我们将把你送回去。"

　　突然，一阵刺耳的声音在座舱响起，弗雷德·里根马上失去了知觉。当他苏醒过来时，发现自己躺在医院的病房里，周围除了有医生、护士之外，还有一些UFO调查人员……对于这起神奇莫测的事件，他根本无法解释，就连他自己都不能相信飞机被摔得粉碎，而没带降落伞的自己却安然无恙。见到了自己的亲人，弗雷德·里根欣喜若狂，他向亲人们讲述了自己难以置信的遭遇。可他讲的事没人相信，不少人说他在胡说八道。从那以后，里根夜里常做噩梦，几个月之后，他得了严重的精神忧郁症，被送进了亚特兰大精神病院。在他与那个不明飞行物相遇将近10个月

后，他病死在医院里。

　　对于一个有着如此不平凡遭遇的人，医院决定对他的遗体进行解剖。医学专家们发现，里根大脑已被极强烈的射线辐射过。他们还发现，几个月之前，他大脑中的一个肿瘤被人摘除，所用的器械并不是人们通常使用的手术刀，而是一种目前医学上从未见过的新型器械。

延 伸 阅 读

　　1961年4月，在美国威斯康星州出现了一个闪着橘黄色光芒的飞碟状不明飞行物，一个身穿银色衣服的外星矮人走下飞碟，来到目击者面前。这个外星人拿出一个有两个把手的瓦罐，嘴里说着奇怪的语言，做出要喝水的动作。

地球人吃过外星人

土著部落吃过外星人

1988年，瑞士一位名叫费兹·格达的博士在巴西的原始森林里调查和研究时，听说了一件令人耸闻的事情：一个土著部落曾经吃掉了6个外星人，这件事是真的吗？

当时，费兹·格达博士正在一个土著部落做客，该部落的土

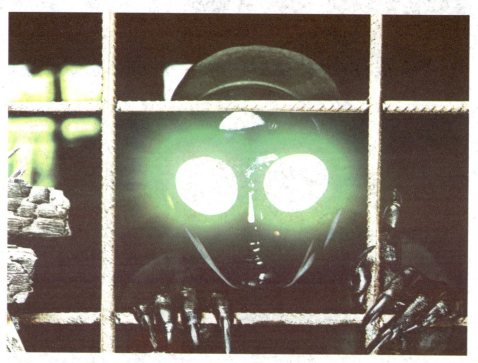

著酋长自豪地向他炫耀，自己曾经分享过外星人肉的美味。这个酋长已经快100岁了，事情发生在50多年前。

那是1936年，酋长所在的部落正和另外一个部落激烈地交战。正当战争激烈进行的时候，突然一道银色的亮光闪过，一艘飞船停在了酋长所在部落的地盘。不一会儿，从飞船里面走出6个长得怪模怪样的人。它们的身高约0.6米至0.7米，全身罩在一件明亮的灰色衣服里。椭圆形的大头，没有手臂，腰上好像挂着一块黄色的腰牌，两脚短小，皮肤绿得像树叶一样。

这些人一到，就和部落里的人打起招呼来，他们还会讲这里的土话。他们声称是来制止战争的，希望人类能够和平相处，不

要自相残杀。

刚开始他们和部落的人们相处得十分融洽，相互敬重。土著部落的人给他们弄来了各种各样的食品，他们都不吃。后来，有人给他们送来刚摘的青豆时，他们就吃了起来。

可是过了不久，部落的人就发现这些外星人时不时会骗土著部落的孩子到他们乘坐的那

个飞船上进行检查。这引起了土著人的疑心：外星人来这儿是不是还隐藏着更加险恶的阴谋？

酋长回想起当年的经历，似乎记忆犹新。他说，当时他认为这些人是其他部落派来的奸细，是来打探部落情况的，必须要处死他们。

那些人被处死之后，肉被放在火上烤熟，然后

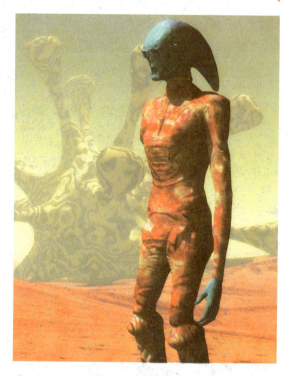

分给了部落里每个人吃。酋长告诉费兹·格达博士，那些肉的味道和青蛙等小动物肉的味道差不多，只不过在他们的肉里有一股很难闻的气味。

就在他们吃掉那6个人后不久，那艘银色的飞船便发出一束银光，从人们眼前消失了。他们怀疑在飞船里，可能还有绿色的小矮人，可能是他们发现自己的同伴被吃掉后，决定离开这里。

虽然这位土著酋长已经快100岁了，但是他的记忆力和表述能力还很好，看起来并不像是在编故事。难道说这个土著部落的人真的吃过外星人吗？

我国唐朝游侠品尝外星人肉

我国唐朝有本叫作《原化记》的小说集，里面也记载了一则

地球人吃掉外星人的故事。

唐朝有个叫韦滂的游侠，在一次他带着仆人在京城赶路，由于耽误了入城时间，晚上只好借宿在城外的一家农户里。

这户人家的主人告诉韦滂，最近几天夜里总有一个发着橘黄色光芒的飞行物在自己家上空盘旋，有时候还会落到地上。主人让韦滂睡觉的时候小心点。

韦滂当时以为是这家主人迷信，便拍着胸脯表示，如果今天晚上这个怪物再敢过来，自己一定会把它射下来煮了吃。晚上韦滂正准备睡觉时，忽然看见外面有一团形如大盘的光亮，自空中

缓缓降下，一直飞到厅堂的北门之下，瞬间，发出刺目的光芒，将周围照得纤毫毕现，如同白昼一般。

忽然，一团怪肉从这片刺眼的光亮中飘了出来，在空中盘旋。韦滂认为这是个不祥之物，仗着艺高人胆大，韦滂拿起弓箭用尽全力向这个怪物射去，并成功地把这个发光的怪物射了下来。

韦滂连忙让仆人陪他到院子里寻找这团怪肉的踪迹。在院子的一角发现了这团被射下来的怪肉。这团怪肉外形像一

个猴子，脑袋很大，但是没有眼睛和脚。

当时这团怪肉还没有死，嘴里发出一种尖啸声。韦滂又拿出弓箭射了两箭，终于把这个怪物射死了。韦滂认为这个怪物既然能在天上飞翔，就有可能更充分地吸收日月精华，吃了他的肉肯定会让自己得到好处。

因此，韦滂吩咐仆人将这团怪肉送到

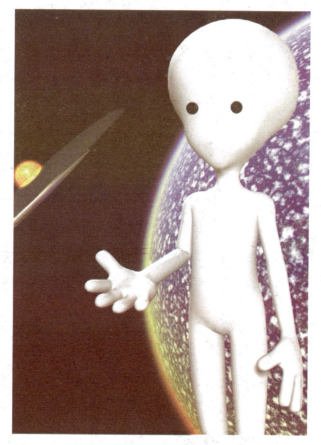

厨房，并加上调料炖煮。那东西在锅内散发出极香的肉味，韦滂垂涎欲滴，食欲大增。等到锅里的东西熟透，捞上来细细切碎，同仆人一同分食了，那些肉甘美异常，而且骨头特细，与他以往吃过的任何东西都无法比拟。

如何与外星人打交道

事实上，在绝大多数外星人与地球人接触的案例中，他们的行为都相当友善，明显地表示出他们愿与我们友好相处。当然，有的外星人确实对地球人比较粗暴，甚至还有伤害地球人的记录，但这仅是极个别的现象。

在许多案例中，外星人与地球人偶然相遇时，外星人总是主动向地球人做出友好的姿态，如拍地球人的肩膀，拥抱地球人，或是与地球人和蔼交谈，甚至一见面就首先表示：请放心，我们是为了和平而来的！

有的外星人还毫无防备地请地球人到飞碟内参观，甚至赠送地球人特殊的礼物。总之，他们不仅不敌视地球人，而且常常用各种方式来表达他们对地球人的友善。

相反，某些地球人由于对外星人畏惧，常常对外星人有过激行动，甚至直接对他们开枪扫射。在这种情况下，外星人从未以牙还牙，伺机报复，最多只是使地球人在短时间内失去知觉，连"防卫过当"的情况都极为罕见。

甚至，他们面对地球人的导弹攻击仍不做防卫还击，这种友善的态度就连地球人也无法做到。

导弹袭击外星人

1961年，前苏联在莫斯科附近兴建了一个新的导弹基地。不久，一只巨大的飞碟飞到导弹基地上空，它悬在20000米的高空中，周围环绕着一些较小的物体，如同众星捧月。

这些飞碟在基地的

上空盘旋着，好像对新建的导弹基地很感兴趣，但是并没有下来察看。

导弹基地的一名指挥官从雷达屏幕上发现这些大小飞碟，以为是侵犯者来袭，他惊慌失措，来不及请示便下令向目标发射导弹。导弹笔直飞向目标，但在离目标大约2000米处就自行爆炸了。当指挥官下令继续发射导弹时，小飞碟开始活动了，致使基地内电子设备全部失灵，导弹发射不出去。后来，小飞碟又飞回大飞碟附近，最后与大飞碟一起飞走，基地的电子设备又自动恢复正常了。

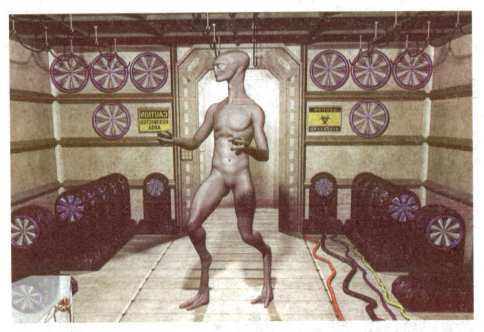

　　绝大多数的外星人对地球人确实是很友善的，我们没有理由畏惧外星人。因此，在同外星人打交道时，首先要保持一颗善良的心，把他们当成同等的生命来对待。只有这样，外星人才会把地球人当作朋友。

延　伸　阅　读

　　1978年，美国空军战斗机在高空也遇到了一个黄色的圆盘状不明飞行物。当驾驶员把导弹对准这个不明飞行物时，飞机上所有的仪器仪表就突然失灵了，然而导弹一离开目标，飞机上的仪器仪表又恢复正常。

外星人遗址

美国发现外星尸体

1950年，人类最早记载着回收外星人尸体的事件。1950年12月7日，美国空军上校威廉·克哈姆和上尉巴金斯，他在与美国邻接的墨西哥境内亲自目睹了美国军方回收一个坠毁飞碟的情况，并且在这个飞碟的残骸中发现一具外星人的尸体，之后他就把这

个坠毁的飞碟和外星人的尸体都运到了美国。

回收飞碟和外星人尸体的事件属美国最多，不过由于这涉及高度的军事和科技机密，美国政府总是想尽办法掩盖事情的真相，其时这些也是可以让人理解的，因为毕竟还没有真正的结论出来。但是有的人仍然对这起事件不放弃，日本的著名作家矢追纯一先生，花了大量的时间和精力，在美国各地拜访了许多与回收外星人尸体有关的人员，并且获得了大量的资料。并在此基础上，于1989年出版了一部引起世界飞碟研究界高度重视的著作《外星人尸体之谜》。

《外星人尸体之谜》这本书中，详细记载了他在美国调查访问时的情况。他认为这些年来美国回收飞碟和外星人尸体的事件竟有46起之多，现在还有数十具外星人的尸体存在美国，他们被冷冻在地下室的秘密器皿中，美国还解剖过外星人的尸体等等。

阿根廷发现神秘矮人

在世界其他许多地方也曾发现有回收外星人的尸体的事件，

甚至有的地方声称还捉住过活着的外星人。1950年，在阿根廷荒无人烟的潘帕斯草原，曾经坠毁过一个飞碟。这个飞碟的圆盘直径约为10米，高约4米，有舷窗，座舱高约两米，表面光亮严整。最早发现这个神秘物体的是一家房产公司的建筑师博塔博士，当他在经过这个地方的时候，他发现路旁草地上静静地停着一个盘状的金属物体。

由于出于强烈的好奇心，他停车之后且走近物体。他从圆形物体的舷窗往内看，发现舱内有4张座椅。其中3张座椅上各坐着一个小矮人，这些小矮人纹丝不动，肌肉却已僵硬，显然已经死了。这些小矮人样子与地球人差

不多，有眼睛、鼻子和嘴巴，棕色的头发不长不短，皮肤黝黑，全身套着铝灰色的服装。第4张座椅则空着。博塔博士发现，舱内有灯，有各种仪表，还有电视荧光屏，但看不出有电线和导管。

看到这一神奇景象，他惊呆了。因为他也听过类似外星人的传闻，所以他知道这一定是一艘坠毁的外星人的飞船。于是赶紧驾车逃到旅馆，把他的奇遇告诉了他的两个朋友。第二天，他和他的朋友驾车赶回原地，但地上只剩下了一堆烫手的灰烬。他的一个朋友抓起了一把灰，于马上就变紫了。后来，博塔博士得了怪病，连续数月高烧不退，皮肤也像干涸的土地一样破裂了，谁也治不好他。

这3个外星人的尸体被人们发现却未能回收到，专家们猜测可能是第4张座椅上的外星人在飞碟坠毁时幸免于难，最后不得已把飞碟和3个外星人的尸体一同销毁了。

青海发现外星人遗址

继巴西考古学家乔治·狄詹路博士发现外星人城市遗址的两年后，我国青海省的白公山再次发现外星人遗址。

白公山位于青海省德令哈市西南40千米处的怀头他拉乡，它四面被荒漠和沼泽包围，沙漠与戈壁随处可见。在白公山的西南有两座高原湖泊，一座叫托素湖，另一座被称为可鲁克湖。

在托素湖的东北角有一座山，当地人称作白公山。白公山山

脚下依次分布着3个岩洞，中间的岩洞最大，而其余的两个已经被堆积的碎石掩埋。中间的洞离地面约有2米，洞深约6米，最高处约8米。与通常所见的岩洞不同，它有点儿像人工开凿的洞。

神秘的管状物

洞内上下左右都是纯一色的砂岩，除了沙子之外，没有任何杂质。令人吃惊的是一根直径为0.4米的大铁管从山顶斜插到洞内，由于多年的锈蚀，现在只能看见半边管壁。另一根相同口径的铁管从底壁通入地下，只露出管口，可以量其直径，却无法知道它的长短。

洞口处有10余根铁管子穿入山体，铁管之间距离不等，大约是在一条等高线上延伸。这些铁管子直径在0.1米至0.4米之间。管壁与岩石完全吻合，不像是先凿好洞后放进管子，而好像是直接把铁管插入坚硬的岩石。

洞口对面约80米远处就是波光粼粼的托素湖，就在离洞口40多米的湖滩上，又有许多的铁管子散见于沙滩裸露的砂岩上。这些铁管顺东西延伸，铁管直径较山下的铁管小，从0.02米至0.045米不等。

从残留的铁管形状上看，有直管、曲管、交叉管、纺锤形管等，形状奇特，种类繁多。最细的铁管内径不过一根牙签粗细。虽经岁月的腐蚀、沙子的填充，但铁管内并没有被堵塞。

另一部分铁管则分布在湖水里，有的露出水面，有的隐藏在咸涩的湖水里，被波浪和时间淘洗着，形状与粗细同湖滩上的铁管相类似，散布在附近约800米至11000米的浅水里。

更让人惊愕的是湖边的石头：绝大多数石头呈几何图形，有

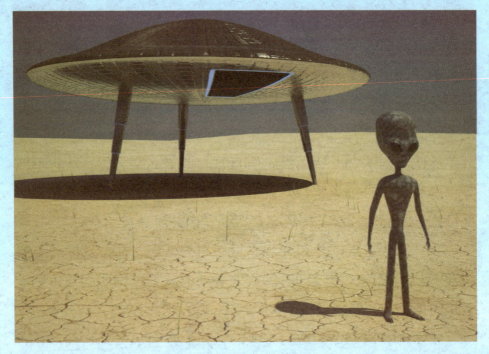

正方形的，有长方形的，有钻了孔的，有的孔打了眼的，非天然而成，相似于某种建筑材料。托素湖边岩洞、铁管及特殊石头的分布面积约为5000平方米，规模相当可观。

是否真是外星人遗址

从柴达木盆地目前发现的人类活动的文物资料表明，该地区从未有过铁管之类的现代工业产品。加之柴达木盆地自然条件恶劣，人烟稀少，当地民族从未有过成形的工业开发史。

据当地人回忆，除了白公山北草滩偶有流动牧民外，这一地带没有任何居民定居过，所以可以肯定这里不可能是古人或现代人的遗址。一些专家学者认为这是外星人的遗址，他们的依据是柴达木盆地地势高，空气稀薄，透明度极好，是观测天体宇宙理想的地方。外星人如果来地球，托素湖应该是星际交往的首选地点之一。

　　有关专家认为，如果外星人乘坐飞行物进入地球，首先看见的是柴达木，最醒目的是咸淡两湖，最易辨识的自然也是白公山，可见这里是外星人进入地球后，来去起落最理想的地点。

　　但另一个疑题又浮出水面，为什么有那么多的水上、水下的管道？是为了研究托素湖蕴含的化学元素，还是托素湖水另有它用呢？

外星人遗址形成原因

　　2002年4月，我国11位地质学界专家为此组成课题组，包括我国地震局地质研究所研究员郑剑东教授在内的6位专家亲赴托素

湖考察，认为所谓外星人遗址应该是种特殊的地质现象。

据郑教授介绍，这些奇特的管状物分布在距今五六百万年前的第三纪砂岩层中，都呈现出铁锈般的深褐色，成分以氧化铁为主。谈到管状物成因，郑教授表示有多种可能：可能是植物埋葬形成的化石；另外管状物也可能是砂岩层快速沉积形成。

延 伸 阅 读

1987年，前苏联发现了一个巨大的神奇圆形建筑群。考古学家认为，这个遗迹与古埃及和巴比伦属同一时期的文明，城市的整体设计方案似乎可以精确地算出宇宙天体的准确方位。专家认为，这是一处外星人遗址。

外星人与秦始皇

秦始皇见过外星人的记载

我国有一本叫作《拾遗记》的古籍，全书共10卷，上面记载了上古伏羲、神农氏直至东晋各代的历史异闻。其中卷四记载：

始皇好神仙之事有宛渠之民，乘螺舟而至。舟形似螺，沉行海底，而水不浸入，一名"沦波舟"。其国人长十丈，编鸟兽之毛以蔽形。始皇与之语，及天地初开之时，了如亲睹。

有个地方叫宛渠，那里人身高十丈。他们用鸟兽的羽毛编成衣物遮体。有一次其中一个人乘着海螺形状的船来

求见秦皇妃。这种船叫"沦波舟"，可以沉在海底航灯，并不透水。秦始皇和他进行了一次长谈，谈到盘古开天辟地时的事，此人侃侃而谈，就像他亲眼看到一样。

秦始皇是在与谁交往呢？可能他自己认为：这些人是神人！可是据说神人是长生不老的，而这些"宛渠之民"有过儿童时代，在秦始皇的年代他们知道自己已经老了，这证明他们也同样有着生命的新陈代谢过程，并不是神仙之类。

如果这事真的存在，就会使人自然想到，这些人既然不是神，那用外星来客的观点给予解释便是顺理成章了。一群具有高度文明的外星人，很早就来到了地球，并在某些地方设立了基地，称之宛渠国，并对地球进行了详细的观察和研究。

这群外星人掌握着先进的科学技术，他们在占地球表面积2/3的海洋中活动，交通工具是被称为"沦波舟"的潜水船，这船外形很像海螺，又极像飞碟。

他们注意考察人类世界，一旦人类有什么新动向，哪怕相隔亿万千米远，也要去观察一下。对于蛮荒时代的地球，他们对很多事都

好像亲眼见过一样。

他们对当时我国社会组织结构的变化、生产的重大成果，也都进行了实地考察。我们可以看出，这些都是他们有计划的严密的科学考察活动。

"世界第八大奇迹"考古发现

1994年3月1日，举世闻名的"世界第八大奇迹"——秦始皇兵马俑2号俑坑正式开始挖掘。在2号俑坑内人们发现了一批青铜剑，长度为0.86米，剑身上共有8个棱面，考古学家用游标卡尺进行测量后发现，这8个棱面的误差不足一根头发丝。已经出土的19把青铜剑，每把剑都是如此。

这批青铜剑内部组织致密，剑身光亮而平滑，刃部的磨纹十分细腻，纹理来去无交错。

这些剑虽然在黄土下面沉睡了2000多年，但出土时依然光亮如新，锋利无比。而且，所有的剑上都被镀上了一层10微米厚的铬盐化合物。

清理1号坑的第一过洞时，考古工作者发现一把达150千克的被陶俑压弯了的青铜剑，其弯曲的程度超过45度。

当人们移开陶俑之后，令人惊诧的奇迹出现了：那又窄又薄的青铜剑，竟在一瞬间反弹平直，自然恢复到原来的样子。

当代冶金学家发明的"形态记忆合金"，竟然出现在2000多年前的古代墓葬里，这是不是有些令人惊奇？

秦始皇真的见过外星人吗

谁能想象，20世纪50年代的科学发明，竟然会出现在公元前2000多年以前？

又有谁能够想象，秦始皇的士兵手里挥舞的长剑，竟然是现代科学尚未发明的杰作？我们不禁会问：他们的技术渊源是什么呢？

这一切疑问，如果用外星人的帮助来解释就很容易理解了。

外星人来过地球的传说，古今中外都有。而《拾遗记》中所记载的这件事的独特之处在于：这些外星人与当时称雄一方

的秦始皇有过友好的接触，并且与他谈古论今，介绍自己的来历，甚至，还向秦始皇汇报了他们的考察活动呢！

另外，更有专家认为，秦始皇之所以能够统一中原，很有可能和外星人的帮助有关。

我国的长城也有可能是外星人让秦始皇修建的，一方面在名义上是防止匈奴入侵，一方面在实质上是和埃及的狮身人面像组成风水布局。

但还有许多学者对这件事产生怀疑，秦始皇见到的真是外星人吗？《拾遗记》记载的是真事吗？这些至今还没有一个确切的答案。

延 伸 阅 读

铬是一种极耐腐蚀的稀有金属，地球岩石中含铬量很低，提取十分不易。铬还是一种耐高温的金属，它的熔点大约在4000度，德国在1937年，美国在1950年才发明并申请了专利。

外星来客在东欧

屡屡出现的天外来客

在前苏联彼尔姆一带，经常会看到一些神秘的黑影。在这一地区，人们经常可以看到一片片大小不一的青草变得枯黄，甚至，一位老太太还曾经见到过一群穿着黑衣服、身材高大的蒙面巨人。这一地区的居民们还曾见过各种各样类似碟、香蕉、哑铃、球状的物体，这些物体常改变颜色，并且长时间地围着人群飞来飞去，但只要你一接近，它们便会无声无息地消失了。

一次，在距离彼尔姆不远的奥萨市的河滩浴场上降落了一只飞碟，从飞碟中走出几个类似人类的家伙，有高的，也有矮的。他们在浴场上好奇地

打量着周围的人们，几分钟后，飞碟就飞离了河滩浴场。

过了不久，在距彼尔姆50千米的库什坦附近，许多人又一次看到了飞碟和外星人。他们的身高从1米至4米不等，在少先队员夏令营地和河岸周围转了转后便离开了，并没有妨碍或伤害附近的任何人。

但也发生了具有侵略性的事情：一次，一个小男孩向一名外表半透明的外星人扔了一块石头。这个外星人随即用一种像梳子似的东西向小男孩瞄准，小男孩吓得慌忙跑开，但小男孩脚下的草却被烧焦了。

另外，彼尔姆州的司机们说，他们常在偏僻的路上遇到类似传说中的弥诺陶洛斯的怪物，就是希腊神话中牛首人身的克里特怪物。

科学考察探究奇怪现象

这些奇怪的现象究竟是怎么回事呢？

前苏联工程技术科学协会联合会奇怪现象委员会组织了一个约40人参加，以其副主席埃米尔·巴楚林和生物专家、控制论专家弗·舍姆舒克为首的考察队前往彼尔姆进行科学考察。

考察刚刚开始，令人弄不明白的现象就不断地出现。

考察队员们明显地感到这里的环境十分异常，他们有时会一连几个星期在只有7000米见方的地带转悠而走不出去。

白天，他们将两个距离30米的物体做出标志，令人不可思议的是到了晚上，这段距离就变成了原来的两倍。考察队员们准备在夜间拍摄异常现象，

大约有20人同时用带闪光灯的照相机拍摄，另有几人用电影摄影机拍摄。

但奇怪的是，当闪光灯闪过之后，立即有一道反射光反射回来，而且反射光的强度与闪光灯的强度成正比。

反射光可以照出一些朦胧的人像侧影，有一次虽然没有反射光，但考察队员们仍然清楚地看见了一些黑色的"人影"，如此这样照了几张之后，闪光灯就不闪了。

考察队员们想要继续拍摄时，照相机的快门却怎么也按不动了，而当离开异常现象频繁发生的地带，或者是第二天早晨，闪光灯和照相机又完好如初了，就好像从未坏过一样，但先前拍的几张底片上却是什么也看不见。

考察队员们猜想，这可能是外星人所为。

考察队员遇到外星人

随着时间的推进，发生的事情也越来越离奇了。

有一次，考察队员穆霍尔托夫去河边打水，意外地看见天空有只形如帽子的飞碟，几秒钟后，飞碟就消失了。回到营地，穆霍尔托夫总觉得有人在招呼他，于是他又到河边去了。

路上，他觉得有个人正在注视着他，并且与他并行，甚至可以清楚地听见那个人沉重的脚步声，但却看不见。穆霍尔托夫感到有点害怕，赶紧转回头往回跑，可没过多久，却又莫名其妙地想到河边去，但这时他已没有勇气再去了。

凌晨3点，穆霍尔托夫又想到河边去，这次他约了4个人一起去。事后，穆霍尔托夫写道："突然，我们感到有一股刺骨的寒风迎面刮来，大家都有这样一种感觉：好像是被一种强大的吸力拖着往前走，两脚根本不听使

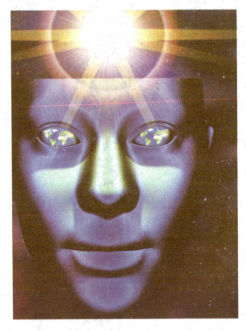

唤，头痛欲裂。其中一名同伴失去知觉，我们立即对他进行急救，使他恢复了知觉并逃回营地。"

考察队员遇到的真是外星人吗？他们为什么会遇到那么多奇怪的事情，外星人的科技水平真的比地球先进得多吗？

在这次考察期间，队员们在一个考察队员住的帐篷里，还意外地看见了不同时期地球大陆的图像，以及地球和其他星球不同时期所发生的一些重大事件的"电影"。这些"时间电影"不知是不是外星人放给他们看的。

延 伸 阅 读

中国是世界上最早记录不明飞行物现象的国家之一，除了民间的传说之外，在古籍中也有大量的记载。从上个世纪的80年代开始，在我国西部新疆不断有人目击到不明飞行物，有研究者试图论证茫茫戈壁之中，可能隐藏着外星人UFO的基地。

美、前苏总统的外星人情结

美国普努努姆禁区

美国参议院议员、UFO研究会的会长古兰卡丁伯爵在一次发言中透露："美国前总统艾森豪威尔曾访问过拉特巴达松空军基地，并会见了外星人。"这件事轰动了整个新闻界。

在谈及此事之前，还是要先谈谈美国参议院议员比利·哥努多德先生访问拉特巴达松秘密空军基地的事情。

哥努多德先生是一位博学多才的议员，他认为，在广袤的宇宙里，生存着很多比地球人类更文明的其他宇宙生物。他在1960年初会见老朋友卡迪斯·努梅伊将军时，曾要求参观普

努努姆的秘密禁区。

努梅伊将军一听哥努多德先生要参观"普努努姆禁区"就立刻收起笑容，非常严肃地拒绝了，并称那个地方除了特殊人员外，其他人根本不能进，即使美国总统也不行。就是努梅伊将军本人也不能进房间一步。

哥努多德知道，美国正在秘密地处理和回收UFO和外星人的尸体。不过，他还推测，在秘密基地里，肯定还有惊人的事情，因为他当时已经得到确实情报，知道那里不仅藏着UFO机体和外星人的尸骸，甚至还有活生生的外星人。因此，他萌生了要与外星人交谈的念头。

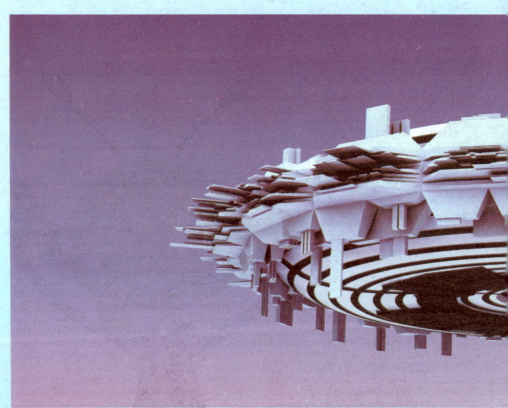

美国总统会见外星人

从1947年至1948年，美国共发生了近20宗UFO坠落事件，几乎所有的UFO残骸及其驾乘人员最终都被运回俄亥俄州第顿的拉特巴达松基地。但是，在运往该基地之前，常常是先运到最靠近出事地点的空军基地保管。

1954年12月20日，爱德华兹空军基地附近发生了一起UFO坠落事件。这件事被艾森豪威尔知道后，亲自到爱德华兹空军基地去考察。

据说，艾森豪威尔是乘坐军用直升机，秘密地到柏杜匹林克士附近的爱德华兹空军基地，在第二十七格纳库里会见了外星

人；也有人说，当时艾森豪威尔说看到的只是UFO残骸和外星人的尸体。

　　但据古兰卡丁伯爵所掌握的情况，艾森豪威尔似乎是会见了活生生的外星人，当时，外星人让总统亲眼看了他们多种多样的超能力量。

　　他们不用借助什么机械，就能让自己的身体悬浮在空中，用意念及精神的力量驱使大的物体及UFO之类的东西转动，让人们看到物体瞬间的移动，并用心灵感应来进行交谈。

　　艾森豪威尔在亲眼看见了这些难以置信的奇迹后表示，外星人的超能力远远超出了目前的地球人。如果让大家都知道这些事

实，那么在人们当中会出现不可挽救的恐慌。因此下命令，严格地保守外星人和UFO存在的秘密。

另一位金巴利伯爵称，当时在场的不仅仅是总统，还有杰纳利斯以及牧师、科学家等从外界慎重选拔出来的少数人士。

参加这次会见的当事人不知具体是美国军事情报处的还是谍报机关的，反正是那个计划的制订者，他们若要决定是否应该把事实公开，则要看现任总统及各界人士的反应。

在谈及为什么时到如今，组织那次会见的当事者们还要把外星人存在的这个事实隐蔽起来时，古兰卡丁伯爵说道："这是经过深层次的考虑的。"

古兰卡丁伯爵表示，任何一个国家如果能成为第一个掌握UFO自身推进力的秘密，以及外星人所具有的超高技术的话，那么这个国家就可能征服和独霸地球，甚至地球以外的星球。正因为这样，所以就不让其他国家的情报机关知道，甚至也不想让本国公民知道外星人存在的事实。

美国总统关注外星人研究

随着外星人越来越频繁地来地球上考察，许多国家也越来越对外星人感兴趣，他们都秘密设置研究机构，希望在探索外星人秘密——这看不见硝烟的战争中，暗暗激烈地争夺外星人。

20世纪70年代，佛罗里达州州长恩斯参加竞选，他随同工作人员及记者10余人正乘飞机飞行时，突然惊呼："看，飞碟！"人们涌向机舱窗口朝外看。

迈阿密《信使报》记者曼斯菲尔德等人在空中看见一个橘黄色的火球，起初他以为这个火球是森林起火所引起的，仔细一看，才察觉火球原来是与州长座机处于相同高度的两个发光体，其飞行速度

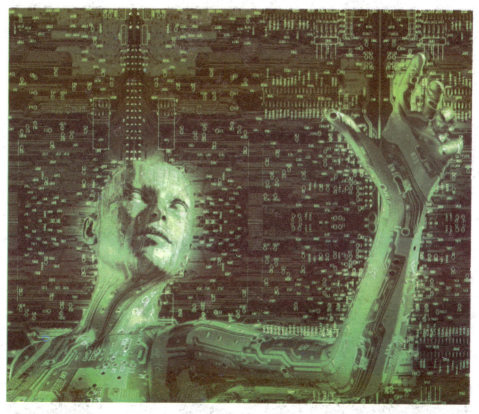

约为每小时460千米。

州长恩斯命令驾驶员上前追踪，然而这两个发光体突然垂直上升，转眼间消失得无影无踪。

第二天，曼斯菲尔德在报纸上发表了关于此事的报导，当时引起了很大的轰动。

一连串的飞碟事件惊动了当时的总统约翰逊，在总统的关注和舆论的压力下，美国中央情报局也开始过问此事。

在中央情报局的配合下，空军出资50万美元，由科罗拉多大学设立"独立研究项目"对飞碟进行探索。该项目的负责人是著名的康登教授。

苏联私下研究外星人

同一时期，前苏联境内也发现了多起飞碟事件，克格勃对此自然也不会放过。于是，他们便邀请一批科学家组成"宇宙飞行调查常设委员会"，由斯特加洛夫空军少将主管此事。

前苏联宇宙飞行调查常设委员会与天文台合作，采用摄影、电子和雷达测量等技术手段对已发现的飞碟资料进行了综合研究，其中包括：

1964年9月23日，一架104飞机飞越莫斯科和彼得格勒上空时，机组人员和乘客所看到过的一个拱顶碟形飞行物。

1965年7月26日，拉托雅电离层观测站站长维托米克用望远镜观察到一个直径约为90米的飞碟和3个伴随的小飞碟。

1976年8月，天体物理观测站天文学家沙查洛夫等人看到了一个高速飞行的碟形飞行物。

特别使斯托加洛夫少将感兴趣的是1963年6月8日在前苏联发现的一起飞碟事件。宇航员毕考夫斯基正在驾驶飞船飞行时，突然发现一个椭圆形飞碟尾随飞船，飞行片刻后，突然转变方向悠然远去。

茫茫宇宙，浩浩星空，小小地球只是其中一个微不足道的小行星。除地球外，在其他星球上也可能会有生物

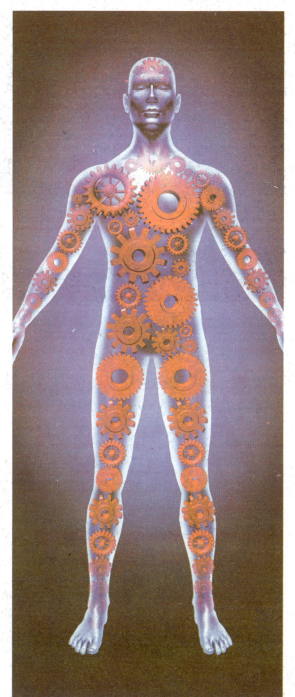

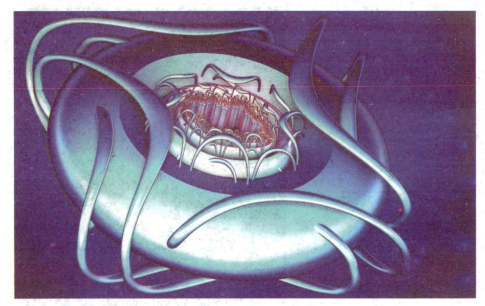

存在，或处于原始阶段，或具有高度的智能。这些高智生物不仅关心自身所在的星球，也必然会飞向太空，探索宇宙奥秘。而我们地球上各个国家也对来自太空的智能生物很感兴趣，他们希望对外星人有更深的了解。

延 伸 阅 读

2013年10月21日消息，据英国每日邮报报道，俄罗斯首都莫斯科上空惊现一神秘不明飞行物，它的外行呈三角形，许多民众均对这一现象感到惊奇，据介绍，这个三角形VFO在莫斯科红场上空盘旋了数个小时，期间有数百人目睹了这一现象。

地球人受邀去飞碟做客

与外星人相约湖畔

地球人被外星人抓上飞碟的事件屡有发生，外星人抓他们大多是为了做身体检查，因此，给人以粗暴、残忍、可怕的形象。但是，外星人也经常经过精心挑选，主动邀请一些人登上他们的飞碟，遨游太空。

这些极少数的幸运者被外星人奉为上宾。外星人对这些人非常友好。哥伦比亚人卡斯蒂略就是世界上少数几个幸运者之一，他曾先后5次应邀登上飞碟做环球旅行。卡斯蒂略第一次在飞碟上做客长达8个半小时，这的确是一段历险记，他的叙述把人们带进了另一个世界。

按照事先的安排，1973年11月3日晚上20时左右，卡斯蒂略来到

湖滨的约会地点。

这天晚上，皓月当空，群星闪烁，湖面微波荡漾，卡斯蒂略在那里等待飞碟和外星人的到来。

卡斯蒂略按规定的条件，身着农民装束，走到湖边的一块大石旁，从石后隐秘处取出一个圆球拿在手中，紧张地等待着飞碟的来临，一切都顺利地按照事先的安排进行。

这一切都是通过一位自称同外星人保持联系的夫人进行安排的，这位夫人早在两个月前，就把外星人提出的赴约时间、地点、条件以及其他一些细节，原原本本地告诉了卡斯蒂略。

卡斯蒂略手捧圆球呆呆地望着湖面，时针慢慢地接近事先约定的20时25分。

正在这万籁俱寂之时，突然水声大作，从湖底先后飞出两只飞

碟。它们发出刺眼的强光,把周围照得通明,整个湖面亮如白昼。

他非常恐惧,看见那两只飞碟已飞到上空,约在200米高处盘旋,四周的气温随之急剧变化。他手中的圆球开始发热,原来外星人正是通过这只圆球来测定他所在的方位的。

过了一会儿,其中一只飞碟悄悄往远处飞去,并熄灭了灯光,而另一只飞碟则渐渐飞近卡斯蒂略,并向地面射出几束强光。

这时,突然有两个外星人从飞碟上顺着强光下来后,他们向卡斯蒂略走来,约在2米远处停了下来。

其中一人对卡斯蒂略友好地说,他们是善意的朋友,绝不会伤害他,并补充说,他们将把他带上飞碟。

卡斯蒂略由于极度恐惧说不出话来,只是点头表示同意。

然后,一个外星人把他挟在腋下,并告诉他要把他带到一个陡峭的地方去。

与外星人交谈

卡斯蒂略上了飞碟后接到的第一道命令是叫他把全身衣服脱光，他执拗不过，只得依从。他感到奇怪的是，舱内虽然有光，但没有灯，并且看不到一丝影子，他估计，光可能是四周墙壁内射出来的。

这时，从一扇门里走出两个外星人，他们首先向卡斯蒂略要回那只圆球。然后，其中一人与卡斯蒂略握手问候，使卡斯蒂略惊奇的是此人竟能叫出他的名字。

这两个外星人身高约有1.7米，和北欧人脸型相似，蓝眼珠，大而深邃，眼角下斜，浅黄色的头发垂至双肩，眉目清秀。他们身着紧身衣，衣上有纽扣并且系有腰带，其中一人用标准的西班牙语同他交谈。

这位外星人把卡斯蒂略领进另一间座舱，那里有4个人围坐在一张椭圆形白色透明办公桌的四周。

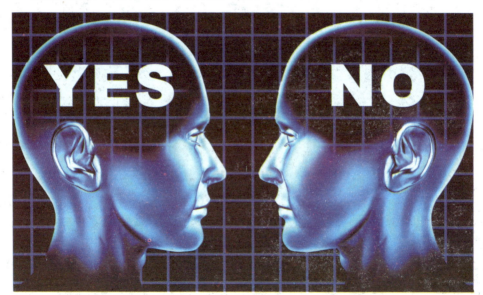

　　那4个人讲起话来有些困难，他们的嘴唇几乎一动不动，信息是通过心灵感应，即传心术传递出来的，而卡斯蒂略却通过语言来回答他们提出的问题。他们的对话持续了8个多小时，座舱非常平稳，以致卡斯蒂略竟以为他们谈话时仍在原地没动。

参观外星人飞碟

　　外星人把卡斯蒂略领到楼上，让他坐在一架似荧光屏一样的仪器前，他们通过两个键钮调试屏幕，然后让卡斯蒂略探身去看。

　　卡斯蒂略看到一条巨大的深沟，感到头晕眼花。飞碟人见他有些受不了，于是又重新调了一下，这时卡斯蒂略又惊又喜，差一点叫出声来。

　　原来，他看到了波哥大，看到了自己所居住的那个地区，看

到了他家的那幢小楼，看到了他的几个孩子正在床上恬静地熟睡，还看到了他家那只德国牧羊狗蹲在地上，摇着尾巴，好像在"汪汪"地叫呢！

他不知道当时飞碟是在哪个高度上飞行，也不知道地面上的人是否能看到这个飞碟。

在交谈中，卡斯蒂略好奇地问外星人，你们怎能在这么短的时间里走完400多光年的路程来到地球？

要知道，根据爱因斯坦的相对论，光速为每秒30万千米，任何以这个速度或超过这个速度运动的物体，都会自行解体而转化为能量。

外星人回答说，必须把相对论再修改3次，才能抓住事物的实质。他们说，爱因斯坦仅仅奠定了一种理论的基础，有一些"星际飞行走廊"，可以缩短行星之间的距离。

外星人为何如此看重卡斯蒂略，一再邀请他遨游太空呢？也许是卡斯蒂略很早以来就是一位著名飞碟学者的缘故。

外星人的相貌

亲眼目睹过外星人的案例不胜枚举，而且人们看到的外星人各有迥异，飞碟专家们经过筛选和验证，从目击案例中总结出了外星人的大致相貌特征。

皮肤：外星人的皮肤大部分是灰色、蓝白、棕色的，有的称他们的皮肤柔软，而且富有弹性，也许目击者看到的是穿着薄的带有颜色的防护衣。

眼睛：外星人的眼睛一般很大，但距离较宽，有一种疲劳的样子。有的目击案例中目击者表示外星人没有眼珠，也没有眼皮；有的目击者说，眼睛很大，而且是炯炯有神。

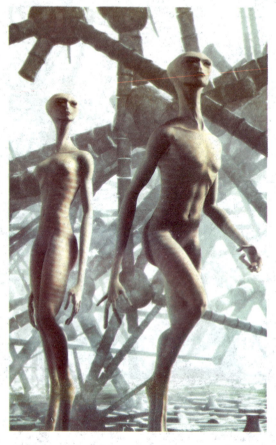

嘴巴：外星人的嘴巴有一道裂缝，或很小或完全没有开口，有的目击者说，嘴巴很小，就一个洞，或一条细缝，几乎看不到嘴唇。

鼻子：外星人的鼻子只有两个小的呼吸孔，并不明显；而有的目击事例中鼻孔则十分清楚。

脖子：外星人几乎没有汗毛和头发。

声音：低哼声，有的从头到胸像电子装置一样，"嗡嗡"作响，不知道声音是从哪里发出来的。

身高：一般在0.9米至1.5米，有的身高达3米以上，体重150多千克，脑袋硕大，下巴尖而窄。

耳朵：不显眼，没有耳郭。

胳膊：细而长，下垂过膝，手各不相同，有的仅有4个指头，两长两短；有的则像地球人一样有5根手指；少数只有两根手指，像钳子一样，有手指无脚趾。

生殖器官：有部分外星人没有生殖器官，少数只有一条缝，难以判断他们的性别。

外星人的衣着

多数目击者报告指出外星人从头至脚穿戴整齐，这些穿戴不是为了御寒，更不是怕羞，而是用来抵制放射线或防止污染的，也许还有防热的功能。在有些目击事件中，外星人告诉目击者说，他们害怕太阳。

除了个别情况外，外星人的衣服几乎是相同的，是用整块材料制成的上衣连裤服，没有缝制的痕迹，也没有口袋或纽扣之类的东西。

衣服的颜色种类很多，有白色、灰色、红色、蓝色，大部分飞碟乘员衣服的颜色和所乘的飞碟外表的色泽一样。有些外星人衣服上有某种标志或其他附属物，有的肩膀上有金属板，似乎是用来电子通信的。

有的外星人腰带上挂着一个星形饰物、发光的椭圆物或发光的环形物，这类现象很多。有的外星人头上有斗篷，这斗篷跟上衣连裤服连在一起；有的外星人戴着面具，最常见的是戴一顶宇航员那样的头盔。

不过，与地球人的头盔不同，这些头盔通常跟背部的一个盒子相通，可

能有特殊的用途。

　　有的专家认为，外星人的穿戴是不完全一样的，但大部分外星人有一种上衣连裤服，全身没有一点空隙，类似地球人的太空服。

　　外星人可能没有地球人这种无线电通信之类的东西，完全用的是遥感类先进技术。

延 伸 阅 读

　　　　卡斯蒂略从事飞碟研究多年，在整个拉丁美洲很有名气。在委内瑞拉，他创立了"委内瑞拉地外现象研究所"，在哥斯达黎加又协助创办了"哥斯达黎加科学与地外生物研究所"，在哥伦比亚还亲自参加研究工作。

外星人给地球人做检查

奇怪的红雾

1979年11月25日，37岁的布纳特先生驾车从拉舒特小城回家，路途只需45分钟。而他却走了2小时25分。其中另一段时间干了些什么呢？

事后，布纳特先生接受了加拿大UFO专家弗朗索瓦·鲍勃的调查。布纳特先生在第一次见面时称，半路上，一个奇异的声音敲击着他的神经。在离他家只有几千米远的一个拐弯处，他感到自己的汽车被外星人抬起。

布纳特之所以相信这点，是因为近一年来他经常做怪梦看见自己躺在一张桌子上，接受外星人的检查。他也曾

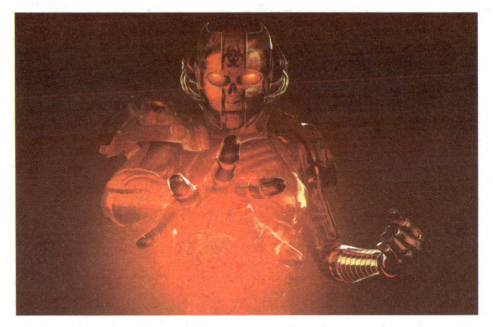

梦见一个很大的飞碟载着他的汽车飞向一个从未见过的世界。被抬起后，布纳特先生看见在他的右边有一个明亮的物体，上边有红、绿、蓝光点，准备在拐角处拦住他的去路。不久他就进了封锁道路的红雾之中，几乎同时冲了出来，撞在一块路牌上。布纳特先生下车察看四周，检查了撞坏的车前身，问题并不严重，可以继续赶路。

　　他希望尽快离开这个令人恐怖的地方，又行了至多5分钟便回到家中。然而布纳特先生极其吃惊地发现，家里的时钟已是5时45分了。这是不可思议的，因为离开拉舒特时间是3时30分，最晚也就在4时15分到家。其余那段时间他干了些什么呢？

丧失的记忆

　　为解开这个谜，弗朗索瓦·鲍勃请催眠专家给布纳特先生进行数次催眠。魁北克两位著名催眠术专家伊万和伊冯兄弟出色地完成了催眠。

催眠术的结果令人大吃一惊：布纳特先生当时奔驰在公路上。车子上方出现了一个东西，他大声对那个东西里的人喊道："让我过去！"这时他听到一个刺耳的声音。当进入公路上的雾障时车子被劫。布纳特先生说："我进了一个飞行器里，我的汽车也在里面。我走进一个大厅，两个像人一样的生物对我十分友好。我们用心灵感应交谈，谈得很融洽……他们叫我躺在一张桌子上。他们很和蔼，我却有点害怕。"

"那是一男一女，他们的肩比我们的宽，脑袋比我们的大，眼睛也很大，鼻子扁平，皮肤粗糙，呈灰绿色，他们把一些东西放在我身上进行测试，了解地球人体的结构。"

"里边有好些仪器和表盘，每台仪器有一根线同放在我身上

某个探测器联在一起。女的长得比男的秀气，但他们不像我们这么漂亮。他们很温和，不过他们想从我们这里搞一切情报，而不给任何东西……"

他在催眠状态下继续说："我还有几句话要跟他们讲：我再也不愿意跟他们在一起，让我们这个世界安静些！我要走了，野蛮的人！你们真无理，这样待我太不应该了！你们不应戏弄我们这个世界。他们道了歉；他们态度和善，也许是我多心了。我要回家，让我走！"

濒临死亡的莱伊斯小姐

在里约热内卢还流传着一段外星人拯救地

球人的故事。

据了解，里约热内卢一个老板洛佩兹的女儿莱伊斯得了胃癌，她十分痛苦，她四处求医，但医生们都说她没希望了。

1957年8月，老板洛佩兹领着全家人到了佩特罗利斯附近的小农庄里，希望莱伊斯小姐在乡间的新鲜空气中会好些。可是日子一天天地过去，莱伊斯小姐病情仍无好转，她甚至连饭都不能吃了，痛苦难忍。

10月25日夜里，莱伊斯小姐病痛极其剧烈，似乎生命要走到尽头了。这个老板躲在一个角落失声痛哭，请来的医生也束手无策了。

突然一道强光从窗户外射进来，照亮了房屋的右侧，莱伊斯的卧室顿时像被一个光柱照亮似的。老板的儿子胡林奥率先跑到窗口，

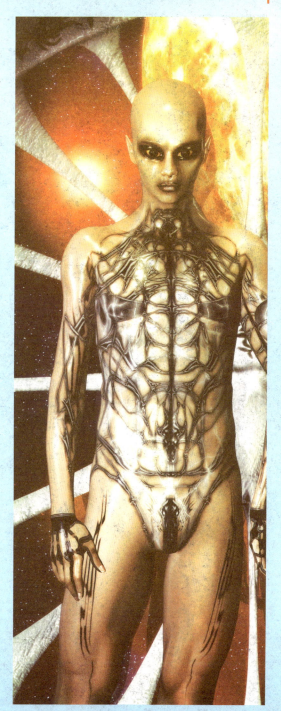

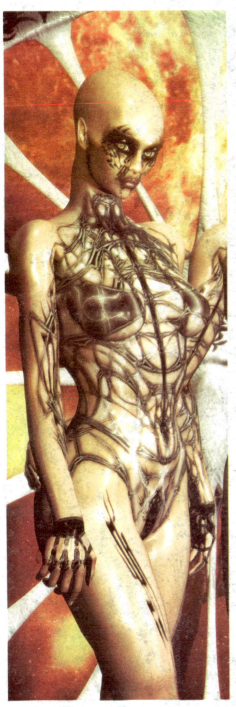

他说看见了一个圆盘形物体，这个物体上部被一层淡红夹黄的灯光包围着。

突然，圆盘飞行物上的一个自动活门打开了，从里面走出两个矮人，他们朝莱伊斯小姐所在的房子走来。当时天色很黑，透过飞行物开着的自动活门，可以看到圆盘形物体里边有一个微弱的淡绿色光。

突然出现的外星人

那两个矮人走进了屋子，他们的个子矮小，大约1.2米高，比老板10岁的小儿子还要矮。他们的长头发一直披到肩上，呈深棕色，他们的眼睛又细又长，可是眼球是鲜艳的绿色。

他们的衣服为白色，看上去很厚，胸部、背部和腕部发着奇异的亮光。他们手上戴着手套的，好像拿着什么东西。他们一直走到正在痛苦中挣扎的莱伊斯小姐的床边才停下。

莱伊斯小姐睁大了眼睛，对

身边的一切感到莫名其妙。这时他们谁也不敢动，谁也不说话，大家都等待着可怕的结局。

在场的有莱伊斯小姐、洛佩兹先生及其妻子、老板的两个儿子。进来的两个人默默地注视了大家一阵，然后在莱伊斯小姐床前停下，把手里的东西放在床上，向洛佩兹先生做了个手势，其中一位把一只手放在洛佩兹先生的额头。洛佩兹先生称，这两个人的手放在他脑袋上后，自己想的东西就直接传递给了这两个人了，他立即明白，这可能是心灵感应。洛佩兹通过心灵感应，一五一十地向这两个外星人介绍了莱伊斯小姐的病情。

神秘外星人施救

两位矮人开始用一种淡蓝色的白光照射在莱伊斯小姐的肚子上，这种光可以透过肚皮，在场的人们都十分清楚地看见了莱伊斯小姐的全部内脏。

他们手里还有一个仪器在"嘎嘎"作响，他们用仪器对准小姐的胃，可以看到胃里的肿瘤，这个动作持续了半个小时，莱伊斯小姐安静地入睡了。这时，他们才走出了屋子。

但在离开屋子之前他们通过心灵感应告诉洛佩兹先生，他应该让小姐服用一个月的药。

然后他们给了洛佩兹先生一个空心钢球，里面有30片白色药片，并告诉洛佩兹先生，这些药片每天服用一片，她女儿的病就会痊愈。

1957年12月，莱伊斯小姐回到她原来的医生那里检查，医生经过检查后发现，她胃里的癌细胞不见了。

延 伸 阅 读

1979年11月26日，法国巴黎的弗朗克·枫丹纳被发光的雾"吞没"，地点是塞尔齐·蓬托瓦兹。大学弗朗克·枫丹纳称，劫持自己的是一种长相非常奇怪的"人"，他们把自己放在一张桌子上做全身检查。